物理大爆炸

128堂物理通关课
·进阶篇

李剑龙 | 著　牛猫小分队 | 绘

机械功和
机械能

浙江科学技术出版社

版权所有，侵权必究

图书在版编目（CIP）数据

物理大爆炸：128堂物理通关课．进阶篇．机械功和机械能 / 李剑龙著；牛猫小分队绘 . 一杭州：浙江科学技术出版社，2023.8（2024.6 重印）

ISBN 978-7-5739-0583-3

Ⅰ.①物… Ⅱ.①李… ②牛… Ⅲ.①物理学－青少年读物 Ⅳ.① O4-49

中国国家版本馆 CIP 数据核字 (2023) 第 052606 号

美术指导 _ 苏岚岚

画面策划 _ 李剑龙 赏 鉴

漫画主创 _ 赏 鉴 苏岚岚

漫画助理 _ 杨盼盼 虞天成 张 莹

封面设计 _ 牛猫小分队

版式设计 _ 牛猫小分队

设计执行 _ 郭童羽 张 莹

鸣谢名单

第 8 册　　徐　颖　谭　章

第 9 册　　赵　沛　李　涛　卜　赟　王　一　孙亚飞
　　　　　代佳明　吴跃伟　李延兵

第 10 册　汪建勋　唐立梅　吕秋平　全向前

第 11 册　李轻舟　王　苏　刘芳菲

第 12 册　杨式辉　孟　斐　何校威　陈　筲　周至美
　　　　　曹　伟

感谢所有为本书提供彩色照片的科学家和摄影师们。

你好，我叫李剑龙，现在住在杭州。我在浙江大学近代物理中心取得了博士学位，也是中国科普作家协会的会员。

在读博士的时候，我就喜欢上了科学传播。我发现，国内的很多学习资料都是专家写给同行看的。读者如果没有经过专业的训练，很难读懂其中在说什么。如果把这些资料拿给青少年看，他们就更搞不懂了。

于是，为了让知识变得平易近人，让青少年们感受到学习的乐趣，我创办了图书品牌"谢耳朵漫画"。漫画中的谢耳朵就是我。我的主要工作就是将硬核的知识拆开，变成一级级容易攀登的"知识台阶"。于是，我成了一位跨领域的科研解读人。我服务过 985 大学、中国科学院各研究所的博导、教授和院士们。此外，我还承接过两位诺贝尔奖得主提出的解读需求。

"谢耳朵漫画"创办以来，我带领团队创作了多部面向青少年的科学漫画图书，如《有本事来吃我呀》《这屁股我不要了》和《新科技驾到》。其中有的作品正在海外发售，有的作品获得了文津奖推荐，有的作品销量超过了 200 万册。

我在得到知识平台推出的重磅课程"给忙碌者的量子力学课"，已经帮助 6 万人颠覆了自己的世界观。

你好呀，我是牛猫小分队的牛猫，我的真名叫苏岚岚。我从中国美术学院毕业后到法国学习设计，并且获得了法国国家高等造型艺术硕士文凭。求学期间，我的很多专业课拿了第一，作品多次获奖，也多次参加国内外展览。由于表现突出，我还获得了欧盟奖学金支持，到德国学习插画，并且取得所有科目全 A 的好成绩。工作以后，我成为《有本事来吃我呀》和《动物大爆炸》的作者、《新科技驾到》和《这屁股我不要了》的主创。

看到这里，你一定以为我是一名从小到大成绩优秀的"学霸"。其实，我中学时代偏科严重，是一名物理"学渣"。明明自己很聪明，可是物理考试怎么会不及格呢？我经过长时间的反思，终于找到了原因。课本太枯燥了，老师讲得又无趣，久而久之，我对这个科目完全失去了兴趣。

从学渣到学霸的转变，让我深刻体会到"兴趣是最好的老师"。于是，我把设计、画画、编剧等技能发挥出来，开创了用四格漫画组成"小剧场"来传播科学知识的形式。咱们这套书里的很多故事就是我和李老师共同创作的，希望让小朋友在哈哈大笑中学会知识。

牛猫小分队的另一个核心成员叫赏鉴，他是咱们这套书的漫画主笔，他画的漫画在全网已经有 5000 万以上的阅读量啦。

目录

第65堂 机械能

第66堂　机械功

目
录

知识地图　机械功和机械能通向何处

第62堂

我们为什么要
学习能量

2

3

你应该听过山小魑说的大禹治水、愚公移山、精卫填海和嫦娥奔月的故事吧。

大禹与民众一起披星戴月地挖山掘石、开凿水路，前后花了 13 年时间，终于让肆虐中华大地的大洪水退去。

年近 90 岁的愚公想要移除高山，打通道路。他带领子孙们一起
日夜奋战，将太行山、王屋山的巨石一担一担地挑到渤海，并要求
后世子孙将这个事业一代一代地传承下去，直到道路完全畅通为止。

精卫原本是一个可爱的女孩，在东海游玩时不幸淹死。她死后化作一只神鸟，每天叼来石头和草木，投入东海，想要将东海填成陆地。

嫦娥原本是射日英雄后羿的妻子。因为某种机缘，她服下了西王母的不死药，从此升入天空，成为月宫的主人嫦娥仙子。

扑通！

这些神话故事中闪耀着中国古代劳动人民坚韧不拔、不屈不挠、勇于冲破困难、改变自身命运的精神，激励了一代又一代中华儿女，也激励着 21 世纪的中国人向中华民族伟大复兴的事业奋勇前进。

你知道吗？在你读这本漫画书的时候，这些流传了几千年的神话故事已经在某种程度上变成了现实。

　　自 1949 年中华人民共和国成立以来，我国基本建成了江河防洪、城乡供水、农田灌溉等水利基础设施体系。仅 2022 年上半年，我国就有 14000 多个水利项目开始动工。假如让大禹和他的团队在 5000 年前就开始实施这些项目，可能到现在还没完成其中的万分之一。

与此同时，截至 2021 年年底，我国的公路总里程已达到 528 万千米，约等于地月距离的 14 倍。除此之外，截至 2021 年年底，我国还拥有公路桥梁 96.11 万座，公路隧道 23268 处。其中的工程量巨大，即使让世世代代所有中华儿女在 5000 年前一起开工建设，也不可能完成其中的万分之一。

相比之下，精卫填海和嫦娥奔月是纯粹的神话故事，古代人再努力也不可能将之变成现实。但在最近的十几年中，中国已经通过吹沙填海技术，将东海上互不相邻的十余座小岛，变成了一片总面积相当于 1000 多个足球场大小的现代化深水港。这就是中国最大的集装箱港口——洋山港。

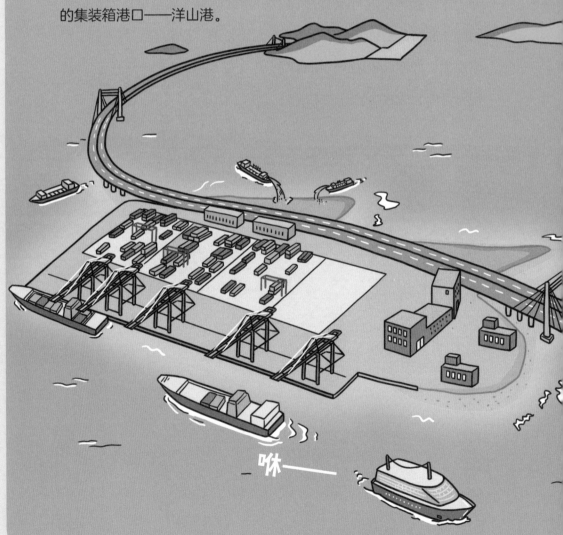

咻——

2013 年，"玉兔"号月球车首次登上了月球。从 2021 年开始，我国开始在距离地表 386 千米处的太空轨道上建设"天宫"号空间站。

在 2030 年前后，我国还将派遣航天员登陆月球，与住在月宫数千年的"嫦娥仙子"相会。

欲上九天揽明月，
照我泱泱大华夏！

"天宫"号空间站

"玉兔"号月球车

当然，这些伟大成就仅凭人们的坚韧不拔、不屈不挠、勇于冲破困难和改变自身命运的精神是不够的，它还需要挖掘机、盾构机、混凝土搅拌车、渣土车、喷沙船、运载火箭、测控基站和人造卫星等机械装置和电子装置的帮助。

渣土车

混凝土搅拌车

挖掘机

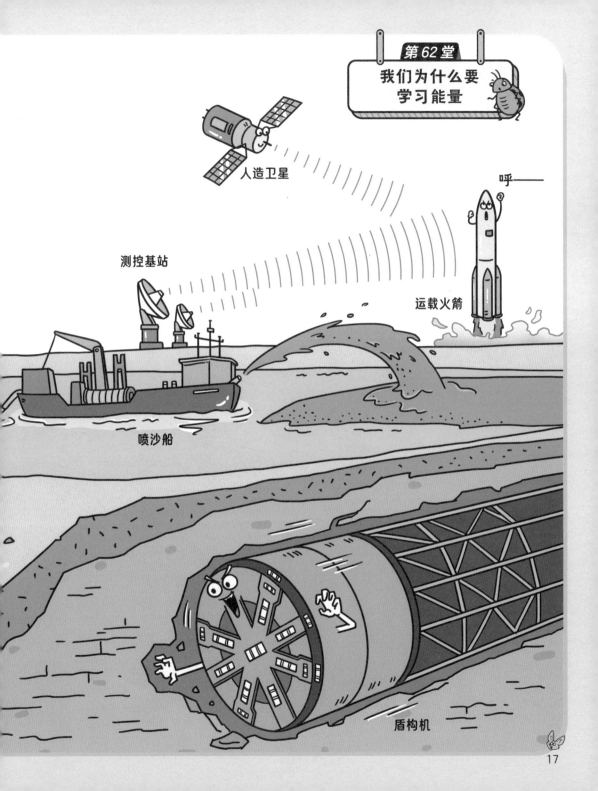

人造卫星

呼——

测控基站

运载火箭

喷沙船

盾构机

相比人类，这些机械装置和电子装置为什么会拥有地动山摇、翻天覆地的力量呢？

答案就是我们这一册要讨论的主题之一：能量。

是的，不论是挖掘机还是运载火箭，它们想使出人类无法比拟的力量，就需要消耗巨大的能量。

能量

第62堂

我们为什么要
学习能量

其实，不仅仅是机械装置和电子装置的运转需要消耗能量，人类日常生活中的许多活动也需要消耗能量。例如，爬楼梯需要消耗能量；坐电梯需要消耗能量；体育运动需要消耗能量；帮爸爸妈妈收拾餐具需要消耗能量；婴儿长大成人需要消耗能量；成年人就算每天躺在床上不动，也需要消耗能量。就算是一棵大树、一株小草、一只微不足道的浮游生物，甚至一个肉眼看不到的细菌，这些生物每天的新陈代谢也需要消耗能量。

吱——

19

回到物理学中，我们之前讲过的许多物理现象，也需要消耗能量。发出声音需要消耗能量；发光、发热需要消耗能量；让物体的温度超过周围的环境需要消耗能量；让物体的温度低于周围的环境温度需要消耗能量；改变物体的运动状态需要消耗能量；改变物体的形状需要消耗能量；克服摩擦力和重力移动物体也需要消耗能量。我们在未来要讲到的发电机、电动机、发动机的运行也都需要消耗能量。

总之，能量帮我们将精神力量转化成物质成就；能量让神话一步步走向现实，让世界充满勃勃生机；能量让我们对未来充满希望！

第 63 堂

能量的
基本属性

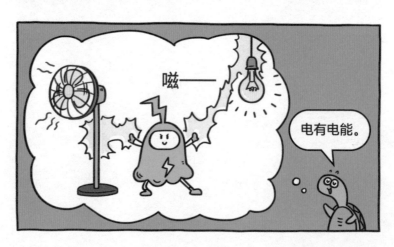

能量不是万能的，但没有能量是万万不能的。那么，能量这个东西，到底是什么样子的呢？

能量和我们见过的声、光、热、力、压强都不一样。它的模样不是一成不变的，而是像孙悟空一样，有着"七十二般变化"。

当一个光源发出光时，能量就以光能的形式出现在我们的面前。

光能

光！赐予我力量！

啊？

当一个电器接通电源时，能量就以电能的形式出现在我们的面前。

电能

水烧开了，能量就摇身一变，变成了热能的形式。

热能

呼——

"呜——呜——呜——"火车司机拉响了汽笛,能量又变成了声能。

科学家让两组金原子核发生剧烈的碰撞后,金原子核融合在了一起,能量又变成了核能。

"咕嘟咕嘟"，化学家将水分解成了氢气和氧气，能量又变成了化学能。

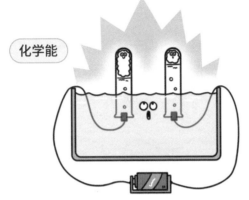

化学能

当然，小牛同学说得也没有错。当他吃下草料时，他体内的微生物会帮助他发酵草料，并产生甲烷等气体。甲烷是一种燃料，也是天然气的主要成分。甲烷中蕴含着化学能，因此，小牛放的屁、打的嗝也蕴含化学能。

嗝——

噗——

化学能

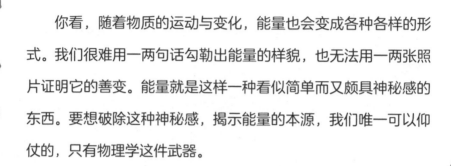

你看，随着物质的运动与变化，能量也会变成各种各样的形式。我们很难用一两句话勾勒出能量的样貌，也无法用一两张照片证明它的善变。能量就是这样一种看似简单而又颇具神秘感的东西。要想破除这种神秘感，揭示能量的本源，我们唯一可以仰仗的，只有物理学这件武器。

现在就要开始了吗？不、不，别着急！在破除能量的神秘感之前，让我们看一看，能量还有哪些重要的特征。

33

> 能量不会无缘无故地凭空冒出来。它就像长江、黄河的水一样，一定存在源头。例如，电视、空调、冰箱、洗衣机等电器的能量都来自电能。那么电能来自哪里呢？

电能来自发电机转子高速转动时的动能。

亲爱的发电机转子，是谁给了你这么多动能，让你绕着线圈嗖嗖地转动呢？转子一定会对你说，它的能量来自汽轮机的热能，或者来自水轮机的动能。

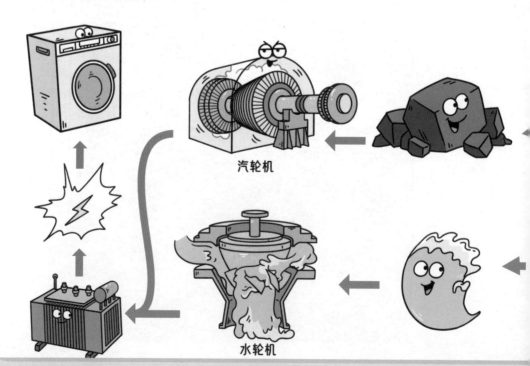

汽轮机

水轮机

假如你一手抓住汽轮机，一手揪住水轮机，向它们问个不停，它们一定会一级一级地追溯能量的来源，并将最后的答案指向光芒四射的太阳。

没错，在地球上，能量一会儿变成这个样子，一会儿变成那个样子，但不管能量怎么变，它们大部分都来自距离我们 1.5 亿千米的太阳。

能量的世界真是奇妙！

请让我再举个例子吧。鳄鱼是肉食动物，它的能量来自被它吃下的各种小动物。

那么小动物的能量来自哪里呢？它们的能量来自比它们更小的昆虫、蚯蚓，或者地上的叶子、地下的根茎。

植物的能量又是从哪儿来的呢？它们的能量来自太阳光的光能。许多植物的体内都含有一种叫叶绿体的结构。太阳光照在叶绿体上之后，叶绿体就会启动一组生物化学反应，将太阳光的能量转化成植物所需的营养。

你看，我们顺着鳄鱼的食谱向前追溯，最后又追到了光芒四射的太阳身上。

你知道吗？在银河系中，像太阳这样可以发出光芒、散播能量的恒星大约有几千亿颗（至少 3000 亿颗）。

在整个宇宙中，像银河系这样拥有许多恒星的星系大约有 1000 亿个。然而，在整个宇宙中，这些星系连同其中的行星、黑洞在内的能量只占宇宙总能量的 4.9%。剩下的能量来自哪里呢？

真的吗？我在银河系里还有几千亿个兄弟？

NASA and the European Space Agency 摄，
Wikimedia Commons 收藏，
遵守 Public domain 协议

何止是这样，全宇宙所有星系连同其中的行星、黑洞加在一起的能量只占宇宙总能量的 4.9%！

4.9%

NASA 摄，Wikimedia Commons 收藏

科学家推测，其余 95.1% 的宇宙能量，有一小部分来自一种未知的物质，叫**暗物质**。还有一大部分来自一种未知的能量，叫**暗能量**。

暗物质是什么？暗能量又是什么呢？这些问题就连科学家都还没有搞明白。

嘻嘻，知道我是谁吗？

已知物质

4.9%

暗能量
68.3%

早晚有一天，现在的科学家会变成老爷爷、老奶奶。到那时，他们一定会把科学研究的接力棒交到未来的科学家——也许是你，也许是你的一位朋友手中，然后说：这个难题就交给你去探索啦!

暗物质
26.8%

　　假如你一顿没吃饭，可能会饿得两腿发软。假如你一天没吃饭，可能会饿得眼冒金星。假如你两天没吃饭，可能看见剩饭都会流口水。假如你三天没吃饭……不，没有这样的假如。不吃饭对身体的损伤很大，因为食物会为你的身体提供能量。假如你总是不吃饭，就会被迫消耗身体的脂肪，最后你会越变越瘦，虚弱不堪。

相比之下，生活在南极地区的帝企鹅的挨饿能力比人类强多了。科学家发现，为了将自己的宝宝孵出来，帝企鹅先生会在寒风呼啸的冬天坚持 115 天不吃不喝。经历这场漫长的挨饿之旅后，帝企鹅先生的质量通常会减去 40%。这就好比一个人从 100 斤饿成了 60 斤。不过，你不必担心帝企鹅先生的健康。在下一个繁殖季节到来之前，它一定会大吃特吃，把减下去的脂肪都吃回来。

企鹅食堂

3 个月以后食堂才开伙。

大酬宾
刚吐出来的鱼
3 块/条
10 块/3 条

你发现了吗？帝企鹅身上的脂肪，就像手机里的锂电池一样。在帝企鹅需要能量的时候，它们就消耗自己，提供能量；在有能量输入的时候，它们就充实自己，吸收能量。就这样，它们成了帝企鹅储存能量的好帮手。

其实，闹钟的发条、汽车的汽油、植物的果实和核反应堆里的放射性物质，都在以自己的方式储存能量。只要一个东西有办法把吸收的能量存起来，不丢失，需要时还能把能量释放出来，我们就说它可以储存能量。

它们都可以储存能量

第63堂

能量的基本属性

如今，随着清洁能源的大规模使用，能量储存的重要性也变得越来越高。这是因为，清洁能源的能量通常来自自然界中的风、水和太阳光。当人们将其中的能量提取出来，转化成电能之后，如果不设法加以储存，电能就会迅速流失。

于是，为了有效地储存清洁能源发出的电能，工程师们想出了各种各样的办法。例如，他们会用电能将水抽到高处的水库中，等到用电高峰时再让水库放水发电，这就是抽水蓄能电站的工作原理。

西班牙 Cortes-La Muela 抽水蓄能电站

图片来源：burakyalcin/Shutterstock

注：该电站是欧洲最大的抽水蓄能电站。

再比如，他们会利用金属钒制造蓄能电池，开发出不会燃烧、不会爆炸的钒电池。

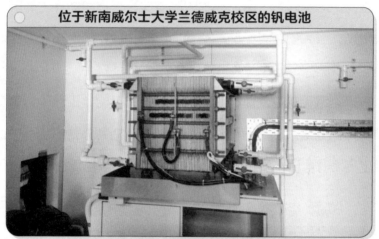

位于新南威尔士大学兰德威克校区的钒电池

Radiotrefoil 摄, Wikimedia Commons 收藏, 遵守 CC BY-SA 4.0 协议

隔膜

正电极 +

负电极 −

钒$^{4+}$/钒$^{5+}$

钒$^{2+}$/钒$^{3+}$

再比如，他们还会研究如何利用电能，将工厂排出的废气转化成汽油、柴油和航空煤油，将电能转化成化学能，储存在我们每天都会用到的含碳燃料中。

看过了前面的故事，相信你已经对能量的基本属性有了较为全面的认识。我在这里帮你总结成以下几点。

敲黑板，划重点！

1. 能量无处不在，它对生命、生活和生产活动不可或缺。

2. 能量的形式有很多种。

3. 能量既不会无缘无故地产生，也不会无缘无故地消失。我们熟知的每一种能量都是从另一种能量形式转化来的。

4. 宇宙中蕴含着大量能量。其中有 4.9% 的能量是我们已经熟知的，但还有 95.1% 的能量是我们完全不了解的。

5. 在生命、生活和生产活动中，我们都需要设法储存能量。

以上就是能量的
几个基本特征。

接下来，我们要开始用物理学
的武器来破解能量的秘密啦。

谢耳朵漫画·物理大爆炸

第64堂

动能和势能

　　山小魁戴上我的能量眼镜后惊讶地发现，它真的能让人看到物体的能量。比如，电池作为储能设备，其中蕴含了相当多的能量。发条作为储能设备，其中也蕴含了一定的能量。就连一个运动中的球，也蕴含了一定的能量。

　　等等，运动中的球又不是储能设备，它的身上为什么会蕴含能量呢？原来，不只是球，**一切运动中的物体都蕴含着能量，这样的能量叫作动能。**

　　如果你觉得难以置信的话，请你想象一下这样两个场景，并思考提出的问题：

　　1. 把电池装入电动火车之中，按下按钮，让电池释放能量。此时，电动火车开动了。想想看，电池释放的能量转化成了什么形式的能量呢？

电池释放能量

第64堂

动能和势能

2. 将发条拧紧再松开，让发条释放能量。此时，发条汽车"嗖"的一声蹿了出去。想想看，发条释放的能量转化成了什么形式的能量呢？

发条释放能量

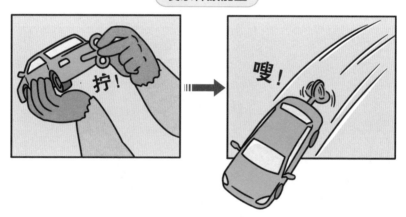

拧！

嗖！

没错！电池和发条释放的能量都转化成了玩具运动时会具有的动能。这就说明，运动物体的身上确实蕴含了一种叫作动能的能量。

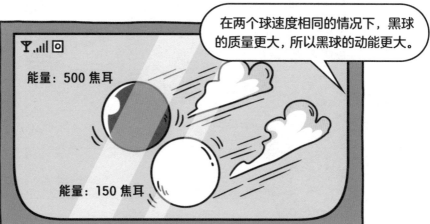

在一场动能比赛中，山大魈选中的黑球和山小魈选中的白球同时冲过了终点。可是，比赛结果竟然是山大魈获胜，因为山大魈选中的黑球的质量更大。这是怎么回事呢？

我举个例子你就明白啦。

设想你正在玩一个 VR 游戏。这时，一滴雨滴以 30 千米 / 时的速度砸向你的脑袋，你会不会下意识地朝两边躲开？我猜你不会，因为你知道一滴小小的雨滴没多大威力，最多就是听个响儿。

第64堂

动能和势能

让我们换一种设定。假设在马路中央，有一辆汽车以与雨滴相同的速度向你驶来，你会不会下意识地朝两边躲开？我猜你一定会，因为你知道汽车撞击的威力要远远超过雨滴下落的威力。

敲黑板，划重点！

　　这两个例子告诉我们，运动物体拥有的动能与物体的质量有关。在其他条件相同的情况下，物体的质量越大，其产生的动能就越大；物体的质量越小，其产生的动能就越小。

了解了这个道理，我们就容易理解，电视节目在介绍足球、篮球和橄榄球运动员时，为什么总是要介绍他们的体重（质量）。因为体重大的运动员在奔跑时既拥有很大的惯性，也拥有很大的动能。当他在奔跑中撞到别人时，他占便宜，别人吃亏。当他在奔跑中被别人撞到时，还是他占便宜，别人吃亏。

同样的道理，在机械战车擂台赛中，主办方会严格限制机械战车的质量。这样一来，擂台上的机械战车谁也压不倒谁，只能比拼主人的操控技巧和战车的设计水平了。

一颗小小的子弹，本身没有多少质量，因此也没有多少动能。但如果这颗子弹不是我们随手扔出来的，而是由步枪发射出来的，那么它拥有的动能就会高得惊人。

随手扔出的子弹能量小

当啷！

步枪射出的子弹能量大

砰！

咻！

一块小小的塑料碎片，由于质量太小，几乎不存在多少动能。但如果它在太空轨道上高速飞行，就可能在人造卫星上撞出一个小洞。此时，它拥有的动能也高得惊人。

小塑料片别挡路，小心我把你撞飞！

啊！我的太阳能电池板！

第64堂
动能和势能

一块直径 30 米的陨石，仅相当于 10 层楼房高。跟地球相比，它的动能可以忽略不计。但如果它以 20 千米 / 秒的速度飞奔而来，其释放的动能就足以在地上砸出一个深 180 米、直径 1200 米的大坑。

图片来源：IrinaK/Shutterstock

敲黑板，划重点！

这三个例子告诉我们，运动物体的动能跟物体的运动速度有关。在质量相同的情况下，物体的速度越大，其拥有的动能就越大；物体的速度越小，其拥有的动能就越小。

科普作家兰德尔·门罗曾经提出过这样一个问题：假如我们用力投出一个棒球，让它的速度达到光速的 90%，也就是 270000 千米 / 秒，将会导致什么结果呢？

门罗通过计算发现，这个棒球飞出 0.000001 秒后，就会击中接球手的手套，并引发一场能够吞噬整个城市的核爆炸。为什么？因为当一个棒球的飞行速度达到 270000 千米 / 秒时，它所拥有的动能就会十分惊人，与一枚小型原子弹的爆炸威力不相上下。

当然，在现实生活中，我们不可能让棒球获得这么大的速度。但速度越大，动能就越大的道理，我们在生活中时常可以见到。

例如，在寸土寸金的城市里，我们为什么要将道路划分为机动车道、非机动车道和人行道呢？这是因为这三类道路的使用者的质量相差太大，速度相差也太大。于是，它们拥有的动能也存在非常大的差距。

第64堂
动能和势能

为了保护行人不会被动能更大的非机动车撞击，为了保护非机动车不被动能更大的机动车撞击，我们必须划分出三条不同的道路，让它们各安其位、各行其道。

为什么一块在地上静止的石头没有能量，可是一个在阳台上静止的花盆却具有能量呢？

如果你仔细观察，就会发现，石头和花盆所处的位置是不一样的。石头静静地待在地面上，它的位置很低；花盆静静地待在二楼的阳台上，它的位置比较高。假如我们移动石头，它只会在地面挪个位置，不会拥有很大的动能。

踢！

这石头没啥能量。

但假如我们轻轻摇晃花盆，花盆就会"啪"的一声砸下来，将地面砸出一个小坑。也就是说，花盆会在跌落的过程中获得相当可观的动能。那么问题来了，花盆的动能是从哪里来的呢？

第64堂
动能和势能

答案是，这些动能统统是从花盆的势能转化而来的。

势能是怎样的一种能量呢？我们可以简单地把它理解成一种"蓄势待发"的能量。当花盆摆在架子上时，它的势能还没有转化成动能，你感觉不到它的势能。此时，它的势能处于"蓄势待发"的状态。当花盆从架子上跌落时，在重力的作用下，它的势能逐渐转化成动能，向你展示它的威力。

这么说你可能还是觉得有点儿抽象。没关系，接下来让我们看一看两组具体的例子：重力势能和弹性势能。

　　山小魈又给大家做了一个错误的示范。只见他拿起一颗螺丝钉，想也不想，就从窗户里扔了出去。结果，螺丝钉重重地砸在了耳郭狐妈妈的汽车上。幸好，耳郭狐妈妈并没有坐在汽车里，不然的话，山小魈可就不是赔钱那么简单了，他可能会被警察叔叔抓到拘留所里，等待法律的制裁。

　　当然，这个故事要想成立，必须满足一个前提，那就是山小魈所在的楼层足够高。假如山小魈住在 2 楼，他扔出去的螺丝钉就没有这么大的能量了。假如山小魈住在 40 楼，别说扔金属螺丝钉了，就算他扔一个鸡蛋下去，都有可能将下面的行人砸成重伤。

　　由此我们可以看出，物体拥有的势能跟它所在的高度有关。

　　物理学告诉我们，存在这样的势能是因为地球附近的物体都会受到重力作用。因此，这样的势能叫作**重力势能**。

敲黑板，划重点！

　　物体所在的高度越高，它拥有的重力势能就越大；物体所在的高度越低，它拥有的重力势能就越小[注]。

西瓜皮
从 25 楼落下如击中
头部可致人死亡

麻将
从 20 楼落下
可致人骨折

螺丝钉
从 18 楼落下
可插入颅骨

易拉罐
从 25 楼落下可致人死亡
从 15 楼落下可砸破头骨

鸡蛋
从 25 楼落下可致人死亡
从 18 楼落下可砸破头骨
从 8 楼落下可致人头皮破损
从 4 楼落下可致人皮下血肿

注：准确来说，我们需要先寻找一个基准高度，在这个高度上，我们定义物体拥有的重力
势能等于零。高于这个高度时，物体越高，重力势能越大。

　　一天傍晚，一位年轻的男子正在一座热带城市的某条道路上驾驶摩托车。突然，他眼前一黑，昏了过去。等醒来的时候，他发现自己躺在医院的床上，胳膊打着石膏，床边放着一片跟他差不多高的树叶，门外还有媒体记者要采访他。这是怎么回事呢？

原来，这条道路的两旁种植了一种热带树木，叫作王棕，也叫大王椰子。虽然名字叫椰子，但它的果实的直径只有不到 2 厘米，看起来一点儿也不危险。然而，这种椰树最高可以长到 6 层楼高，叶子长达 1 ~ 2 米。那么大一片叶子从那么高的地方落下，会释放出巨大的重力势能，别说人会被砸伤，就是汽车都不能抵挡它的能量。

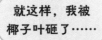

就这样，我被椰子叶砸了……

王棕

啊！

啪！

除了王棕，椰子树、绿化芒、波萝蜜等高大的树木也会对路过的行人造成威胁。如果你去网上搜一搜，就会发现我国每年都有关于这类树木砸人、砸车的报道。

咔！

你过来呀！

第64堂

动能和势能

亲爱的读者，假如有一天你走在热带城市的街上，看到椰子树、王棕、绿化芒、波萝蜜等高大的树木，请你一定要小心再小心哟。

　　不知道你有没有像山大魁一样玩过塑料尺子，当我们抓着尺子的一头，将另外一头掰弯时，尺子之中就蕴含了一种能量。假如我们在尺子的一头放上一个小纸团，然后松手发射，小纸团就会获得尺子的能量，"唰"地飞出去。

　　这个故事说明，尺子就像放在高处的花盆一样，也拥有一种蓄势待发的能量。不过，它的能量并不是来自重力，而是来自自身具有的弹性。因此，这种能量叫作**弹性势能**。

在人类还没有发明电池的时候，弹性势能大概是最便捷、最容易储存的能量形式。在当时，许多装置都需要利用发条储存能量。例如，当时有发条时钟、发条怀表、发条定时器、发条节拍器，甚至有发条收音机。更有趣的是，当时的小说家已经在设想各种能够自动完成工作的机器人了，如扫地机器人和写字机器人。而这些机器人无一例外，都需要上发条。

不知道你有没有听过惊弓之鸟的故事，这个故事说的是，当一群大雁从东方飞来时，有一位叫更嬴的射手朝天虚发一箭，结果一只受惊的大雁从天上掉了下来。

很多绘本都讲过这个故事，而且，它们还给这个故事配上了插图，表现出了更嬴在拉紧弓弦时，并没有在弓弦上搭上箭矢。但这样的插图可能是错误的。

道理很简单。当更嬴拉开弓弦时，弓体中蕴含了巨大的弹性势能。此时，如果弓弦上有一支箭矢，弓体就会把弹性势能传递给箭矢，并转化成后者的动能。

弓体的弹性势能转化成箭矢的动能

发射！

42

反过来讲，假如弓弦上什么东西都没有，弓体就无法将弹性势能向外传递，因而只能向内传递。这些能量轻则会震得更羸双手发麻，重则会绷断弓弦、振裂弓体，让弓体像鞭子一样抽到更羸的脸上。

因此，从物理学的角度看，所谓更羸虚发一箭，可能是说他故意不射中目标，而不是放了空弦。

弓体的弹性势能转化成弓体的动能

第 65 堂

机械能

哈哈！不知道"机械"这两个字有没有勾起你的回忆。如果没有的话，我推荐你打开这套书的第 1 册第 9 堂，重新看一看"机械运动"。哈哈，你现在想起来了吧？当一个物体的位置随时间变化时，我们就说它发生了机械运动。

现在，我们再次遇到了以机械冠名的概念。在物理学中，我们将动能、重力势能和弹性势能统称为机械能。

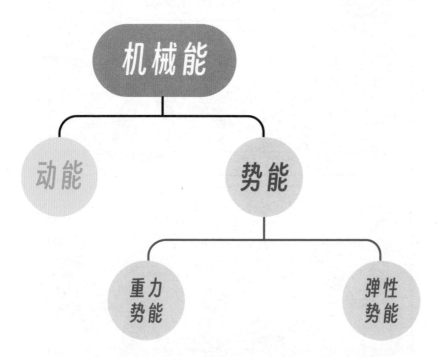

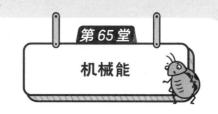

机械能

为什么我们要把动能、重力势能和弹性势能单独归为一类，起个名字叫机械能，还要专门拎出来研究呢？

这是因为，在物理学中，这三种能量跟其他能量存在三处重要不同。

第一，这三种能量普遍存在于物理现象中，而其他能量都只存在于某一类现象中。

比如，电能只存在于电磁现象中，光能只存在于光现象中，化学能只有在发生化学反应时才会出现。

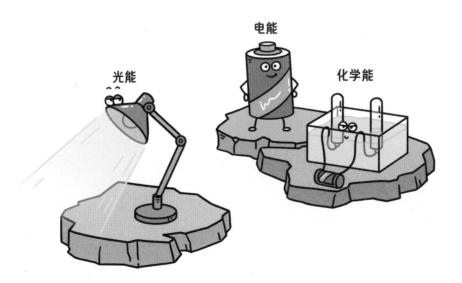

光能　电能　化学能

与之相比，机械能并不是说只有机械装置才有。实际上，天上的飞鸟、地上的走兽、海里的鱼群等一切运动或静止的物体，都拥有一定的机械能。机械能这么普遍，我们当然要好好研究它。

电能

光能

化学能

机械能

第二，这三种能量将物理世界的中枢"力学"，与物理学大厦的其他领域连接了起来。

例如，在研究电学知识时，你会发现许多陌生的概念，比如电压、电流等等。这些陌生的概念跟我们之前学过的知识有什么联系呢？它们能够衡量电能的大小，而电能又可以转化成机械能，并对应到我们熟悉的力、运动和质量这些概念上。

所以，要想将物理学的知识融会贯通，我们必须把机械能研究透。

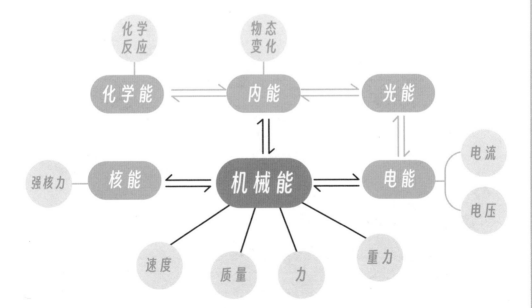

第三，也是最重要的一点。**在许多物理现象中，动能和势能虽然会发生变化，但它们的总和——机械能总是保持不变。这叫作机械能守恒。**

这是什么意思呢？请你想象一下自己带着一瓶水去全世界旅行。当你跑到北极的时候，你发现瓶子里的液体变少了，固体变多了。当你跑到南沙群岛的时候，你又发现瓶子里的液体变多了，固体变少了。

北极

南沙群岛

　　尽管液体和固体一会儿变多，一会儿变少，但你会发现，它们的质量总和肯定是不变的。因为这些液体和固体都属于同一种物质——水。我们所谓的变来变去，不过是水在液态和固态之间的相互转化而已。

物质守恒

南沙群岛　　　　　　　　　　　北极

　　同样的道理，你会发现在许多物理现象中，物体的动能和势能的总和——机械能总是保持不变。我们看到物体的动能（或势能）变来变去，不过是它的机械能在动能形式和势能形式之间相互转化而已。

了解了机械能守恒后，我们就会发现，许多物理现象，比如扔沙包、玩弹弓、蜘蛛侠荡秋千，甚至利用重力穿越地球，都变得像加法和减法一样简单。我们只要知道故事的开头，就能够利用物理知识计算出故事的结局。

15分钟后……

山小魈跟山大魈互相扔沙包，结果，山小魈被自己的侄子打得鼻青脸肿。山小魈扔沙包的技术为什么这么差劲呢？

还不是因为他站的位置不够有利，让沙包的动能都白白转化成沙包的势能了。

当山小魈从低处向高处扔沙包时，沙包的高度会变得越来越高，重力势能变得越来越大。

这些重力势能是从哪儿来的呢？当然是从沙包的动能转化而来的。在这个过程中，由于动能和势能的总和——机械能是保持不变的，随着重力势能越来越大，沙包的动能势必会不断减小。动能减小了，

速度当然也减小了。面对慢慢飞上来的沙包，山大魁只要轻轻一闪，就能躲开。

反过来情况就不一样了。当山大魁往低处扔沙包时，沙包的重力势能会不断转化成动能，导致动能越来越大。动能变大了，沙包的速度也会变得相当可观。此时，山小魁一个不留神，就会被沙包重重地砸到。

109

你看，山大魈利用动能和势能相互转化的知识，成功地以弱胜强，获得了扔沙包比赛的胜利。而山小魈平时不好好学习，吃了不听课的亏，只能败给自己的侄儿，输得心服口服。

类似的例子还有很多。比如，蜘蛛侠在穿越高楼大厦时，只要发射蛛丝，轻轻一跳，就能获得飞一般的速度。这就是因为他利用了重力势能可以转化成动能的原理。

呀！

再比如，当我们用弹弓发射玩具飞机时，我们利用了弹性势能可以转化成动能的原理。

接下来，请你用学到的知识分析一下，在下面的过程中，能量之间是如何转化的吧！

蹦跶！

想象一下，地面上突然出现了一个深不见底的洞。

假如你跳进这个洞里，你的势能就会不断转化成动能，导致你的速度越来越快。要不了多久，你就会重重地摔在洞底，不省人事。

机械能

为了防止这样的事情发生，我和山小魈沿着你跌落的方向不断向下挖。

于是，你会在重力的作用下一直向下跌落，直到你来到地球的中心。此时，你已经向下跌落了6300多千米。

人类从来没有去过地球的中心。科学家推测，地球中心大概有6000℃，其压强约为大气压强的360万倍。让你待在这种地方实在不合适。况且，你现在的动能很大，若是把地球中心砸坏也不妥。于是，我和山小魁干脆把地球挖穿了，让你穿过地球中心，朝地球的另一面继续跌落。

这时，你的动能不会再增加，势能也不会再减少。它们会互换角色——动能源源不断地转化成势能，最终完全消失；势能越来越大，最终恢复最初的大小。

于是，经过 42 分 14 秒的旅程后，你奇迹般地出现在地球的另一面，最终的速度恰好等于 0。此时，你只要轻轻向旁边一跳，就能稳稳当当地站在地球另一面的地面上。

在整个旅程中，你的重力势能转化成动能，动能又转化成重力势能。也就是说，你没有消耗任何能量，就从地球的一头来到了地球的另一头。而且，我们还可以把洞挖到地球的其他地方（只要不挖到海里），让你想去哪里就去哪里，全部免费。

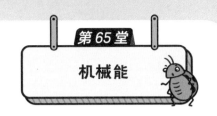

第65堂
机械能

我说的都是真的，绝对没有一句假话。只不过，我和山小魈现在还在苦苦研究挖洞技术。目前我们的进度是地表以下12千米，距离目标还有12000多千米呢！

119

第 66 堂

机械功

能量大赛马上就要开始了，山小魈却一屁股把能量眼镜坐坏了。没有了能量眼镜，我们就没法一眼看出能量的大小，比赛还怎么往下进行呢？

别担心，这对科学家来讲根本就不是事儿，因为在真实的科学研究中，科学家本来就没有什么能量眼镜可以戴，他们都是用别的办法衡量能量大小的。

你看，真实世界的科学家根本没有能量眼镜可以用！

麦克斯韦

瓦特

欧姆

焦耳

第66堂
机械功

什么办法？我先不告诉你。请你先跟我一起思考一个问题：除了能量，物理学中还有什么概念是我们无法直接看到的？哈哈，没错，那就是第 7 册的主题——力。你还记得当时我们是怎么测量力的大小的吗？

敲黑板，划重点！

> 力是看不见、摸不着、听不到的。只有通过观察力的作用效果，我们才能推断出力的存在。

是的，我们当时就是通过观察力的作用效果，来推断力的存在，进而测量力的大小的。比如，弹簧测力计就能够展现力对物体形状的改变。物体形状变化的程度越大，说明物体受到的作用力就越大。

再比如，通过测量物体的运动轨迹，我们能够得知它的运动状态在发生变化。物体运动状态变化得越剧烈，说明它受到的作用力就越大。

说到这儿，衡量能量大小的办法似乎已经呼之欲出了。

敲黑板，划重点！

　　要想衡量能量的大小，我们应该设法观察能量释放时的作用效果。

能量释放时会有什么作用效果呢？让我们接着往下看。

　　化学电池、汽油和氢能源电池三位选手要在能量大赛中一决高下。它们的比赛项目是：将重物吊到高处。

　　比赛开始了。化学电池将箱子吊到了 1 楼，汽油将箱子吊到了 2 楼，而氢能源电池将箱子吊到了 4 楼。于是，氢能源电池获得了比赛的胜利。这是为什么呢？

　　很显然，这是因为能量释放时的作用效果跟它让物体移动的距离有关。在移动相同的物体时，谁的移动距离越远，谁在移动物体时释放的能量就越多，谁原先拥有的能量就越大。

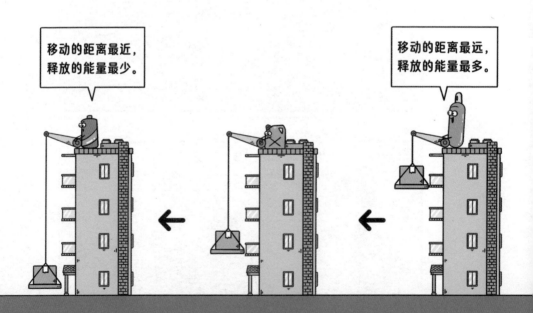

这就好比你饿了三天以后比赛爬楼梯，没爬几阶你就会瘫在地上动弹不得。但如果让你吃饱喝足以后比赛爬楼梯，估计你能上蹿下跳好几个来回。

当然，不管是吊起重物还是爬楼梯，我们都需要额外用力，以克服物体和自身受到的重力。因此，关于能量的作用效果，我们可以做一个总结。

敲黑板，划重点！

在使用相同大小的力移动物体时，谁移动物体的距离越远，谁在能量释放时的作用效果就越强烈，谁拥有的能量就越大。

第二轮比赛开始了。这一回，三位选手要比赛谁吊上去的物体更重。

化学电池将 1 个箱子吊到了 4 楼，汽油将 2 个箱子吊到了 4 楼，而氢能源电池将 4 个箱子吊到了 4 楼。因此，氢能源电池获得了比赛的胜利。

你看，这就是我们常说的"能者多劳"。氢能源电池的能量大，所以它可以付出的劳动量就多，它吊上去的箱子也就多。

当然，这里说的"吊上去的箱子多"，并不是物理学的规范说法。提过箱子的你肯定知道，箱子越多，我们提起箱子需要用的力就越大。

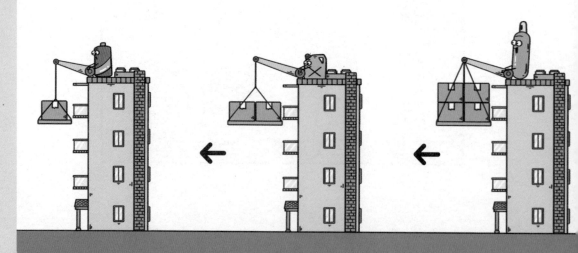

因此，关于比赛的结果，我们可以做出如下总结。

敲黑板，划重点！

在将物体移动相同的距离时，谁施加的作用力越大，谁在能量释放时的作用效果就越强烈，谁拥有的能量就越大。

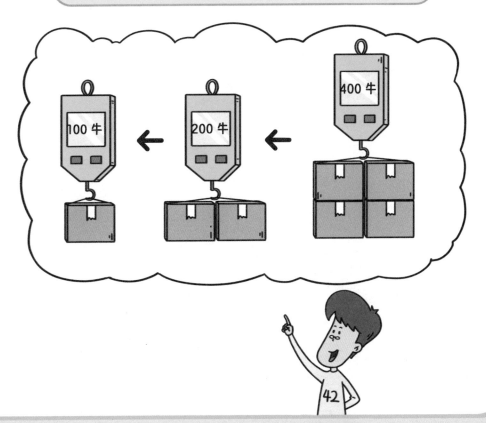

综合前面的知识我们可以看出，能量释放时的作用效果体现在两方面：

1. 作用在物体上的力有多大。

2. 物体在力的作用下移动了多少距离。

于是，能量释放时的作用效果可以用数学公式表现如下：

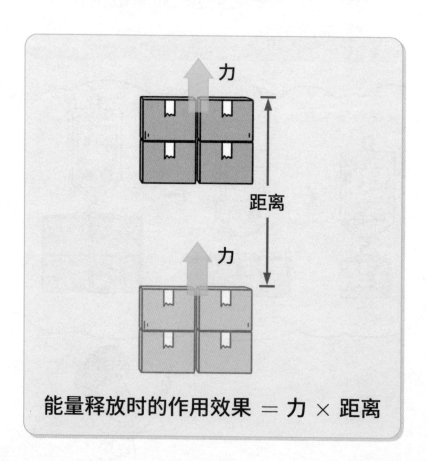

能量释放时的作用效果 = 力 × 距离

为了讨论方便，科学家给"能量释放时的作用效果"起了一个专门的名字，叫作机械功，也可以简称功，用字母 W 表示。

因此，我们从以上内容里学到的全部知识是：

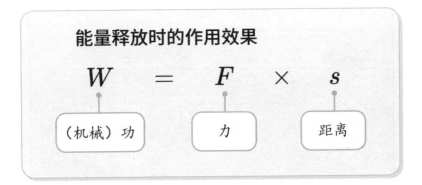

能量释放时的作用效果

$$W = F \times s$$

（机械）功　　力　　距离

敲黑板，划重点！

释放多少机械能，就会产生多少机械功。机械功的大小等于力的大小乘以物体在力的方向上移动的距离。

在前面的故事里，我们发现，通过判断一个能量携带者释放能量时的作用效果如何，我们就能知道它有多少能量。科学家给"释放能量时的作用效果"起了一个新名字，叫作**功**。这样一来，能量携带者向物体施加作用力并移动物体的过程，就叫作**做功**。

例如，在你举起双手将篮球向外投出时，你的双手向篮球施加了推力，篮球在你的推力作用下向斜上方移动了一段距离。因此，你的双手对篮球做了功。

篮球在力的作用下移动了一段距离

我投！

再比如，在你从椅子上站起来时，你的双腿对你的躯干施加了推力，你的躯干在推力作用下向上移动了一段距离。因此，你的双腿对躯干也做了功。

躯干在力的作用下移动了一段距离

为什么我们要学习"做功"这个概念呢？因为"做功"这个概念是科学家应对"能量不可见"这一问题的最终解决方案。

敲黑板，划重点！

一个物体能够对外做多少功，我们就说它拥有多少能量。

例如，在前面的故事中，化学电池只对物体做了一点点功就没电了，我们就说它拥有的能量较少。氢燃料电池轻轻松松地对物体做了相同的功，我们就说它拥有的能量较多。

没电了……

绰绰有余！

在真实的世界中，科学家并没有所谓的能量眼镜。他们是通过做功这个实打实的过程，来判断物体所具有的能量大小的。

第6节 焦耳：功的单位

当当当当，请大家一起跟我欢迎这位新登场的科学家：焦耳！

焦耳是一位英格兰科学家。他对物理学有两个重要的贡献：**一是揭示了机械功和物体的热量变化之间的关系，二是提出了电学中著名的焦耳定律。**这两部分贡献我们会分别在本套书的第 13 册（即将出版）和第 18 册（即将出版）中讲到，在这里我们暂且不表。

焦耳

热功当量

焦耳定律

你只需要知道，由于焦耳在物理学中的杰出贡献，科学家们决**定将焦耳作为功和能量的单位。**

具体来说，当你用 1 牛的力推动一个物体移动了 1 米的距离后，你对物体做的功就等于力和距离的乘积，也就是焦耳。

你所做的功 ＝ 1 牛 × 1 米 ＝ 1 焦耳

由于你对物体做了 1 焦耳的功，因此，你在这个过程中也消耗了 1 焦耳的能量。

能量：9999 焦耳　　能量：9998 焦耳

1 牛

147

反过来讲，假如我们捡到了一节微型电池，它通过电动马达将所拥有的电能全部释放后，仅能向物体施加 10 牛的力，并将物体移动 10 米的距离，我们就说这节微型电池含有的能量是 100 焦耳。

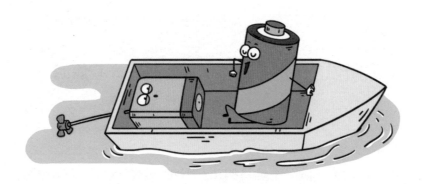

能量：100 焦耳

你或许还记得，将两枚鸡蛋托在手心时，你对鸡蛋施加的力就是 1 牛。这时，如果你缓缓抬手，将两枚鸡蛋向上移动 1 米的距离，你就对两枚鸡蛋做了 1 焦耳的功。同时，你身体的能量在这个过程中至少减少了 1 焦耳。

做 1 焦耳的功看起来不算小，但跟食物中蕴含的能量比起来，就是小巫见大巫了。例如，1 罐 330 毫升的碳酸饮料含有大量的糖，它的能量高达 594000 焦耳。

第 66 堂

机械功

数值小课堂

能量知多少

生米 100 克
约 1400000 焦耳

冻虾仁 100 克
约 200966 焦耳

1 度电
3600000 焦耳

生鸡腿肉 100 克
约 698000 焦耳

汽油 1 升
约 34500000 焦耳

蛋挞 100 克
约 1570000 焦耳

西兰花 100 克
约 11300 焦耳

冰淇淋 100 克
约 531000 焦耳

牛奶 100 毫升
约 276000 焦耳

菜籽油 100 毫升
约 3760000 焦耳

151

为什么山大魈费了九牛二虎之力推箱子，我却说他并没有对箱子做功呢？

这是因为，做功至少需要满足两个条件：第一个条件是你要对物体施力，第二个条件是物体要在你的力的作用下移动一段距离。山大魈虽然对箱子施加了很大的作用力，但箱子连 1 毫米都没有移动过。所以，山大魈并没有对箱子做功。

出力不等于做功，其中的道理有点儿像著名的成语故事"滥竽充数"。在 2000 多年以前的战国时期，有一位齐国的国君喜欢听音乐，经常要求 300 名宫廷乐师合奏吹响一种叫竽的乐器。南郭先生根本不会吹竽，但他每次都装模作样地参加合奏。假如齐国国君知道这件事的话，一定会大发雷霆，严厉处罚南郭先生，因为他虽然出了力，但对音乐合奏并没有做出真正的贡献。

类似的道理，有时候我们虽然出了力，但对做功这件事并没有真正的贡献，这就叫出力不等于做功。

这一次，山大魈移动了箱子

山大魁想到了一个"出力又做功"的办法。只见他用力抱起一个箱子，然后随着传送带一起将箱子移动了一段距离。可是，他对箱子施加的力是朝上的，箱子并没有在这个方向上移动1毫米。相反，箱子移动的方向是朝前的。因此，山大魁白费了许多力气，却并没有对箱子做功。

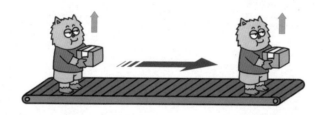

这就好比南郭先生终于学会了吹竽，但当国君想听《生日快乐》的时候，他在吹《上学歌》，当国君想听《新年好》的时候，他在吹《两只老虎》。在这种情况下，他还想让国君给他记一笔功劳，那是不可能的！

两只老虎，两只老虎，跑得快，跑得快……

因此，为了排除各种出力但不做功的情况，我们需要重新总结一下做功的定义。

敲黑板，划重点！

当一个物体沿着外力作用的方向移动了一段距离时，我们就说外力对物体做了功。

写成数学公式就是：

$$W = F \times s$$

| （机械）功 | 力 | 在力的方向上移动的距离 |

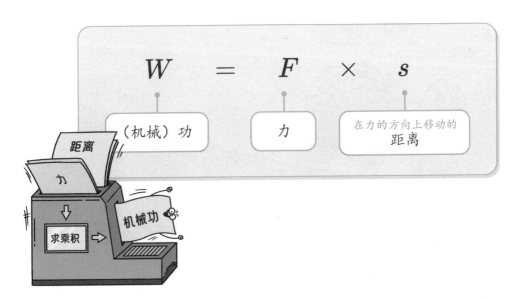

第 10 节　为什么我们长时间用力后会觉得累

> 说到这儿也许你要问了，假如我使劲推一个箱子，箱子没有动，为什么我会觉得双臂很累呢？假如我举着一个箱子站在传送带上，箱子没有在我用力的方向上移动，为什么我还是会觉得双臂很累呢？

哈哈，你这两个问题问得非常好！因为这个问题既涉及生物学，也涉及物理学，一般的生物学家和一般的物理学家还真不一定知道答案呢。只有研究生物学和物理学的交叉方向的生物物理学家才能给出回答。

我也有肌肉！

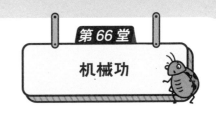

简单来说，这是因为虽然你没有对箱子做功，但是在你用力时，你的肌肉纤维在不断做功。肌肉纤维做功的过程会消耗你的能量，因此，假如你长时间保持用力的姿势，即使你用的力不大，也会觉得身体越来越疲劳。

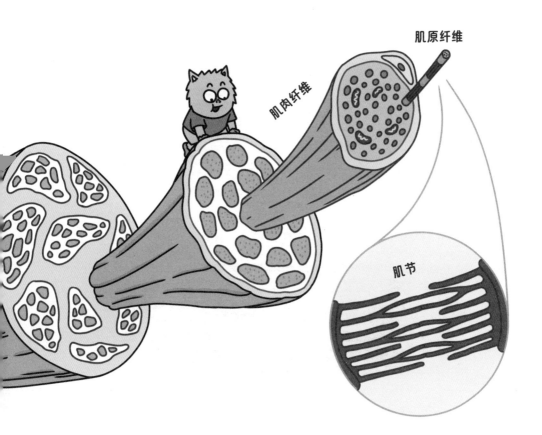

肌原纤维

肌肉纤维

肌节

如果你对这个简单的回答不满意，我还可以给出更详细的回答。当你用力推箱子时，你身上的某些肌节会发生收缩。此时，肌节里的肌球蛋白会向周围的结构施加一股作用力，并将它们移动一段距离。根据做功的定义，此时肌球蛋白对周围的结构做了功。

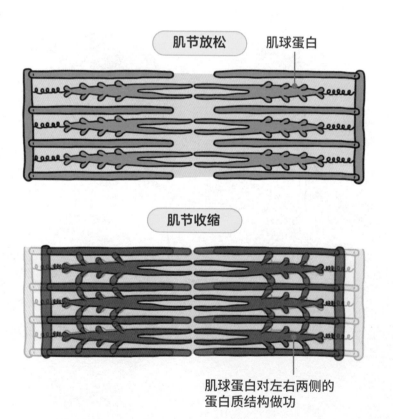

肌节放松　　肌球蛋白

肌节收缩

肌球蛋白对左右两侧的
蛋白质结构做功

当然,肌球蛋白并不能长时间地对外做功。它们通常坚持做功0.1秒之后就会耗尽能量,然后开始放松、休息、补充能量。不过,你不用担心你会就此失去力气。因为你的肌肉含有大量肌节,每个肌节中都含有肌球蛋白。每时每刻,只要有一部分肌节中的肌球蛋白刚好拥有足够的能量,能够收缩发力、对外做功,你的肌肉就能持续对外施加作用力。

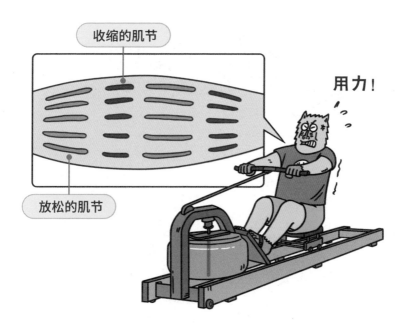

收缩的肌节

放松的肌节

用力!

因此，虽然你没有对箱子做功，但只要你一直在施加作用力，你身上的肌球蛋白就会此起彼伏地做功，你的肌肉就会消耗你的能量。假如你没有受过肌肉的耐力训练，要不了多久，你就会觉得肌肉发软，没有力气，想坐下来休息休息。

中国有句俗话说："千里送鹅毛，礼轻情意重。"从生物物理学的角度看，假如有人从千里之外送了一担鹅毛过来，那么他的肌球蛋白可是没少做功呢。

感动吗？

少来这套！

敲黑板，划重点！

肌肉向外施力时，不管它有没有对物体做功，都会消耗能量。因为施力时，肌肉内的肌球蛋白会对肌肉的其他结构做功。

第**67**堂

功率

不知道你有没有见过这样两位小朋友：第一位小朋友做起事来雷厉风行，老师布置 5 道作业题，他在半个小时之内就能全部做完。第二位小朋友做起事来拖泥带水，他刚写了几个字，就想吃饼干，再写了几个字，又想喝水，没过一会儿又想上厕所……要不是晚上睡觉前必须写完，这 5 道作业题他可以磨蹭到第二天。

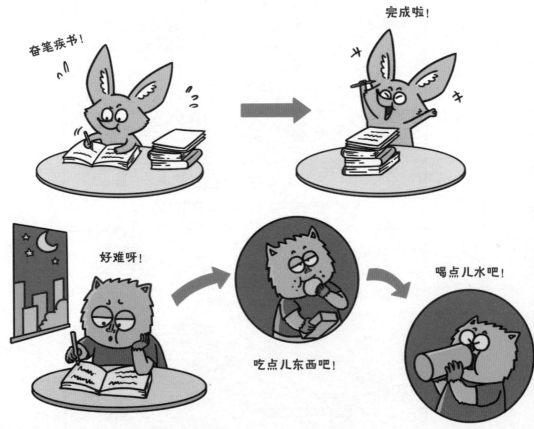

奋笔疾书！

完成啦！

好难呀！

吃点儿东西吧！

喝点儿水吧！

总之，当我们要求别人处理一件事的时候，我们不仅会看他们有没有把事情完成，还会回顾他们花了多少时间。同样办完一件事，谁花的时间少，谁的办事效率就高；谁花的时间多，谁的办事效率就低。

上个厕所！

再玩会儿游戏机！

终于做完了！

同样的道理，在物理学中，当不同的机器对外界做功时，我们不但要衡量它们分别做了多少功，还要分辨它们做功花了多少时间，看看它们做功的速度是快还是慢。

敲黑板，划重点！

在物理学中，我们用功率来衡量物体做功的快慢程度，用符号 P 表示。

在这里，我们可以用类似的办法定义功率。

不难想象，在相同的时间内，假如一台机器对外界做了很多功，它做起功来比较快，我们就说它的**功率大**。

在 1 分钟内做了很多功

我做功快，功率大。

相反，假如一台机器在相同的时间内对外界做的功很少，它做起功来比较慢，我们就说它的**功率小。**

说到这儿，我们不难推测功率的具体公式是什么样子了。还记得我们是如何用速度描述物体机械运动的快慢吗？在第 1 册中，我们如此定义速度：

$$\text{速度} = \frac{\text{距离}}{\text{时间}}$$

在这里，我们可以用类似的办法定义功率。

$$功率 = \frac{功}{做功所用的时间}$$

例如，我们假设电动机将一个箱子搬上楼顶需要100焦耳。那么，第 168 页的漫画中的三个电动机的功率就是：

$$P_{红} = \frac{100\ \text{焦耳}}{1\ \text{秒}} = 100\ \text{焦耳} / \text{秒}$$

$$P_{蓝} = \frac{100\ \text{焦耳} \times 10}{60\ \text{秒}} \approx 16.7\ \text{焦耳} / \text{秒}$$

$$P_{黄} = \frac{100\ \text{焦耳} \times 20}{90\ \text{秒}} \approx 22.2\ \text{焦耳} / \text{秒}$$

第67堂

功率

在日常生活中，我们经常需要根据不同场景的需求，使用不同功率的机器。

例如，水泵在抽水的过程中会对水做功，消耗能量。假如我们打算将空调排出的冷凝水抽到屋外，挑一个功率小的水泵就够用了。假如我们挑的水泵功率很大，不但没有额外的好处，反而还会浪费能量，并产生很大的噪声。

相比之下，假如我们在海上航行时发现船漏水了，那就得赶紧打开大功率水泵把水抽出去。否则的话，海水涌进来的速度就会远远大于水泵抽水的速度，我们的船坚持不了多久就会沉没。

再举一个例子，手机设计师在选择计算机芯片时，总是倾向于选择功率较小的芯片。否则的话，他设计的手机还没运行多久，就会把电池的电量用光。

与此同时，执行海量运算的大型计算机都会装配一些功率较大的芯片。一方面，是因为它们有充足的电量供应；另一方面，一枚芯片的功率越大，它的计算速度也就越快。

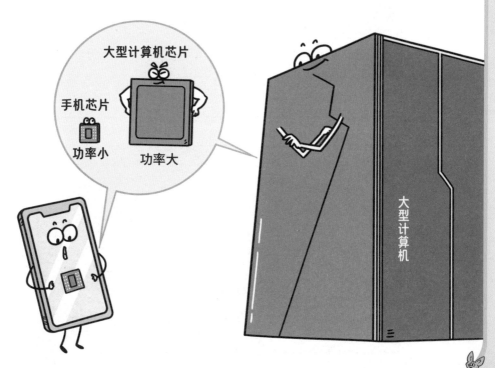

大家一起跳健身操，为什么又瘦又小的山大魈和耳郭狐还没有累，又高又壮的象不象反而先喊累了呢？

这当然是因为，象不象跳操时的功率比另外两位同学大。

一方面，由于象腿的质量大，受到的重力也大，同样做抬腿的动作，象不象要花的力气比两位同学大得多；另一方面，由于象腿最长，象不象抬腿时要移动的距离也比另外两位同学大。综合这两个因素，象不象在完成同一个抬腿动作时所做的功，也就比另外两位同学大得多，他在运动时的功率也就比另外两位同学大得多。所以，山大魈和耳郭狐还没有觉得累，象不象就觉得累了。

好累······

通过这个故事，我们可以从正反两个方面得出结论。正面的结论是，如果谁在单位时间内对物体使出的力气大，且移动物体的距离远，那么它的功率就比较大。

把前面那句话的条件和结论倒过来，我们就得到了反面的结论：

敲黑板，划重点！

> 如果一个物体的功率大，那么在单位时间内，它可能使出更大的力气，可能将物体移动更远的距离，或者兼而有之。

例如，以同样的速度行驶在公路上时，卡车发动机的功率比小客车发动机的功率大，所以卡车可以拉的货更多，对货物可以施加的牵引力更大。

嘀嘀嘀——

再比如，在搭载相同数量的乘客时，摩托发动机的功率要比老年代步车的大，所以，摩托车每小时可以开 100 多千米，但老年代步车每小时最多只能开 70 千米。

慢悠悠——

轰！

　　瓦特先生是我们的老熟人了。在讲到力学的重要性时，瓦特先生曾经告诉我们，他就是学过力学的一个分支学科"热力学"之后，才想到了发明新型蒸汽机的办法的。山小魁在 1 秒钟内将装有牛顿的箱子向前推了 1 米，结果，瓦特从箱子里蹦了出来。这是怎么回事呢？

　　原来，在物理学中，瓦特是功率的物理单位。具体来说，当我们在 1 秒钟内对外做功 1 焦耳时，我们做功的功率就是 1 瓦特。

在 1 秒钟内对外做功 1 焦耳

敲黑板，划重点！

功率的单位是瓦特。1 瓦特 = 1 焦耳 / 秒。

　　于是，山小魁原本想将 1 牛顿变成 1 焦耳，结果不小心变成了 1 瓦特。

瓦特一定是上海人。上海话说什么东西坏掉了，就说它"瓦特"了。

这……

在生活和生产活动中，瓦特算是一种比较小的单位。下面我们就通过两个故事来看一看，我们平时见到的各种机器的功率是多少瓦特吧！

注意，后面两个故事没有故事解读，请你自己动脑筋来揣摩其中的道理吧！

谁的功率最大

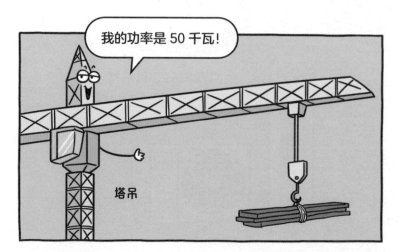

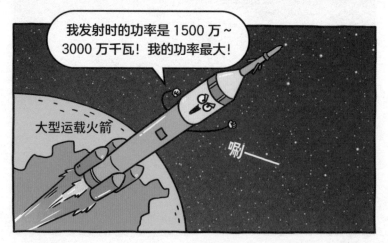

190

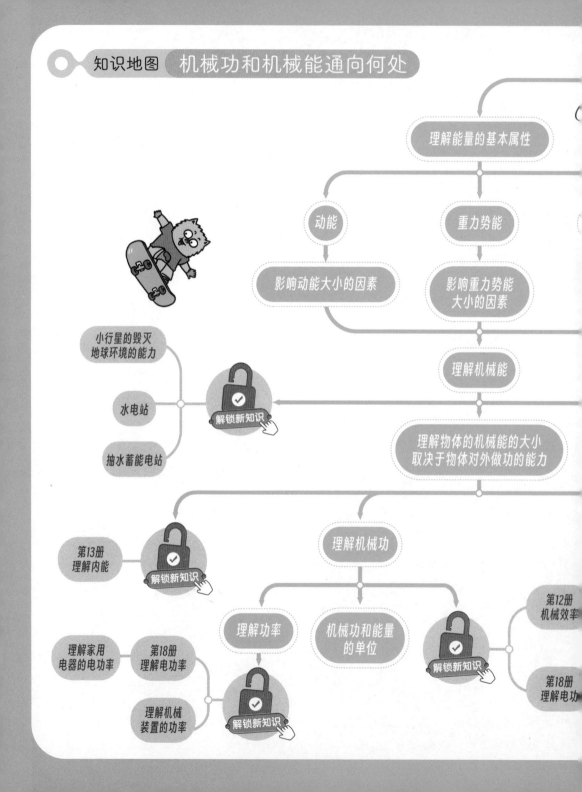

知识地图　机械功和机械能通向何处

理解能量的基本属性

动能

重力势能

影响动能大小的因素

影响重力势能大小的因素

理解机械能

理解物体的机械能的大小取决于物体对外做功的能力

小行星的毁灭地球环境的能力

水电站

抽水蓄能电站

解锁新知识

第13册理解内能

解锁新知识

理解机械功

理解功率

机械功和能量的单位

解锁新知识

理解家用电器的电功率

第18册理解电功率

理解机械装置的功率

解锁新知识

第12册机械效率

第18册理解电功

理解 能量
对物理学的**重要性**

立即开始学习

弹性势能

解锁新知识

影响弹性势能
大小的因素

振动和波的能量

声波的能量

光（电磁波）的能量

引力波的能量

地震波的能量

机械能的转化与守恒

解锁新知识

机械能与其他能量
的转化与守恒

理解做功

理解出力不等于做功

解锁新知识

理解矢量

理解矢量的内积运算

动量守恒

质量守恒

能量守恒

爱因斯坦的
质能守恒方程

第22册
核能的利用